E编委会 /
Editorial Committee

POPs 知多少之
溴系阻燃剂

生态环境部对外合作与交流中心　组织编写

中国环境出版集团·北京

图书在版编目（CIP）数据

POPs知多少之溴系阻燃剂 / 生态环境部对外合作与交流中心主编.
-- 北京：中国环境出版集团，2019.8
　　ISBN 978-7-5111-4072-2

　　Ⅰ.①P… Ⅱ.①生… Ⅲ.①溴－阻燃剂－空气污染
控制－普及读物 Ⅳ.① X511-49

中国版本图书馆 CIP 数据核字 (2019) 第 182766 号

出 版 人　武德凯
责任编辑　曹　玮
责任校对　任　丽
装帧设计　岳　帅

出版发行　**中国环境出版集团**
　　　　　（100062 北京市东城区广渠门内大街 16 号）
　　　　　网　　址：http://www.cesp.com.cn
　　　　　电子邮箱：bjgl@cesp.com.cn
　　　　　联系电话：010-67112765（编辑管理部）
　　　　　发行热线：010-67125803，010-67113405（传真）
印　　刷　北京中科印刷有限公司
经　　销　各地新华书店
版　　次　2019 年 9 月第 1 版
印　　次　2019 年 9 月第 1 次印刷
开　　本　880×1230 1/32
印　　张　3
字　　数　128 千字
定　　价　25.00 元

F 前 言
Foreword

　　随着现代社会的发展，电子电器以及各种易燃物品被广泛使用，在给人们带来更好的生活体验的同时，也带来了巨大的火灾安全隐患。为了抑制易燃材料的燃烧性能，保护人们的生命和财产安全，世界各国开发生产了数十种溴系阻燃剂。但研究表明，其中多溴联苯醚（PBDEs）和六溴环十二烷（HBCD）阻燃剂因其能够在生物体中积累的特性，给生态环境乃至人类健康带来了巨大的威胁。

　　2009 年 5 月，《关于持久性有机污染物的斯德哥尔摩公约》缔约方大会第四次会议决定将六溴联苯、商用五溴二苯醚和商用八溴二苯醚新增列入公约附件 A，该修正案于 2013 年 8 月对我国生效。2013 年 5 月，缔约方大会第七次会议将 HBCD 列入公约附件 A，于 2016 年 3 月对我国生效。2017 年 5 月，缔约方大会第八次会议将十溴二苯醚增列进入附件 A。

　　我国对于持久性有机污染物（POPs）问题一贯高度重视，一直以积极务实的态度推动公约履约工作。其中，POPs 溴系阻燃剂的淘汰行动是履约工作的重要组成部分。我们不仅要依靠国际社会的通力合作和政府重视，还要依靠学术界的科技支撑，更要提高全社会对 POPs 问题的正确理解和认识，进而共同推动 POPs 溴系阻燃剂的淘汰行动，努力创造一个兼具生态安全和防火安全的人居环境！

　　为了让公众了解 POPs 溴系阻燃剂知识、关注 POPs 溴系阻燃剂问题、参与国家《斯德哥尔摩公约》履约行动，生态环境部对外合作与交流中心组织编写了《POPs 知多少之溴系阻燃剂》，本书以通俗易懂的语言讲述了 POPs 溴系阻燃剂的基本知识和环境风险，总结了世界各国 POPs 溴系阻燃剂中具有代表性的管控法规，概括了 POPs 溴系阻燃剂的替代技术和消除技术，最后提出了减少 POPs 溴系阻燃剂向环境释放以及减少对环境危害和身体健康影响的方法。

本书的出版将在普及 POPs 溴系阻燃剂知识和提高公众对于 POPs 溴系阻燃剂的正确认知等方面发挥积极作用，并使更多的人积极关注和参与到我国淘汰和削减 POPs 行动的事业中来，共同推动我国履约进程。

本书第一章由孙阳昭、钱立军编写；第二章由任永、钱立军编写；第三章由苏畅、任永编写；第四章由钱立军、苏畅编写；第五章由钱立军、孙阳昭编写。全书由钱立军、苏畅统稿、校核，由钱立军、孙阳昭定稿。

本书的编写和出版得到了北京工商大学的支持和帮助，在此表示感谢！

同时，在本书出版和编写过程中，生态环境部对外合作与交流中心余立风副主任给予了大力支持，北京理工大学郝建薇教授、北京化工大学张胜教授、轻工业塑料加工应用研究所所长黄志刚教授提供了指导和宝贵意见，在此一并致谢！

编写委员会

2019 年 6 月 12 日

英文缩写小说明

POPs	持久性有机污染物
PBDEs	多溴联苯醚
HBCD	六溴环十二烷
EPS	可发性聚苯乙烯泡沫
XPS	挤塑聚苯乙烯泡沫
UNEP	联合国环境规划署

如果在阅读的过程中，忘记了英文缩写的含义，记得翻到这页看看哟！

C目 录
ontents

1
第一章 基础知识知多少 /1

2
第二章 环境风险知多少 /29

PBDEs 的环境风险 /30

3 第三章 管控行动知多少 /43

CHAPTER 1

第一章

基础知识知多少

1. 火灾——蓄势待发的灾难

火给人类带来了光明和文明。早在 18 000 年前，北京周口店的山顶洞人就学会了人工取火。火会产生光和热，人们利用火发出的光来照明、指示方向、驱赶野兽；用火发出的热来取暖、烧煮食物、烧制陶器、冶炼金属等。从此，火不仅成为了人类生活中的重要伙伴，也成为了人类摆脱蒙昧走向文明的重要标志。

在现代社会中，塑料等易燃材料被广泛地应用于替代传统的钢铁材料，电子电器作为科技进步的重要标志渗透到了我们生活的方方面面，随之而来的是极易引发的火灾。尤其是在当前城市化进程不断加快的情况下，人员和物品的不断聚集使得火灾发生，造成巨大的生命和财产损失。在此情况下，阻燃剂作为遏制塑料等易燃材料火灾发生的关键手段被广泛应用。但是随着人们环保意识的增强，对各类材料的认知也逐渐加深，个别溴系阻燃剂的环境风险逐渐被确认，并被列入了《关于持久性有机污染物的斯德哥尔摩公约》（以下简称《斯德哥尔摩公约》或 POPs 公约）。但是，这并不意味着我们要禁用阻燃剂，因为如果不使用阻燃剂，我们将会面临极为严重的火灾风险。因此，我们应该在防范火灾风险和兼顾环境安全的情况下，恰当使用阻燃剂，即严加管控有害溴系阻燃剂并积极研发替代产品，正确使用阻燃剂。

1.1 中央电视台大火

2009 年 2 月 9 日，本是一个喜庆的日子，在建的中央电视台电视文化中心即将成为央视新址。为了庆祝这一历史性的时刻，早已置办好的价值 35 万元的大型烟花被一齐点燃，盛大的烟花引得许多路人驻足观看。然而，人们却没有注意到这一切的背后，早已埋下了深深的隐患。

晚上 8 点，烟花表演结束后，新址北配楼外部装饰板着火，火势由外到内蔓延到大楼中部时开始发生爆炸，火焰疯狂蹿升，火光照亮数十千米外，整栋建筑付之一炬。火灾致使一名消防战士牺牲，多人受伤，造成直接经济损失 1.64 亿元，事故后 70 余人受到责任追究。

痛定思痛，如若大楼墙体保温材料经过有效的阻燃处理，这惨痛的损失是否能够避免呢？

1.2 上海静安区特大火灾事故

2010 年 11 月 15 日 14 时，上海静安区胶州路一栋高层公寓起火。起火点位于 10 ～ 12 层，随后大火蔓延至整栋楼，当时楼内仍有不少居民尚未撤离。截至 11 月 19 日 10 时 20 分，大火导致 58 人遇难，70 余人伤残。

　　事故原因是无证电焊工违章操作，引燃了施工现场大量存放的尼龙网和聚氨酯泡沫等易燃材料，导致大火迅速蔓延，最终火情失控，酿成惨剧。

　　现如今，我们明明有着诸多能够对包括聚氨酯泡沫等易燃材料进行阻燃的先进技术手段，而在实践中却没有被很好地使用。一旦发生火灾，失去的将是一条条无辜的生命，我们怎能不心痛！

1.3　英国伦敦高层建筑火灾

　　2017 年 6 月 14 日凌晨 1 点 15 分，伦敦大都会区警署接到报警电话，位于伦敦西部、靠近诺丁山地区的格伦费尔大厦发生火灾，短短 30 分钟，大火就蔓延至整座大厦，明火持续了十几个小时。这次火灾造成了 12 人丧生，79 人送医治疗，另有 17 人伤势严重。

随着火势得到控制，高层建筑外墙保温材料的消防隐患也成为舆论关注的焦点。这幢大厦的外墙保温材料是一种在世界范围内广泛应用的廉价建筑材料，中间为聚氨酯泡沫塑料，外部是铝质表层。可燃的保温层与防雨层之间留有 30mm 间隙，增加了燃烧过程中的空气供应量。这个结构就像是一个烟囱，所有燃烧的建筑材料向下掉落，导致下部的火势不断增强，而火焰则不断上升蔓延，最终使火情失去控制。

如果每栋建筑都只是考虑成本而忽略了安全，不重视防火阻燃，也许火灾真的会变成《每日电讯报》所说的那样，将会成为"蓄势待发的灾难"。

1.4 巴西国家博物馆火灾

2018 年 9 月 2 日晚，位于巴西里约热内卢市的国家博物馆发生火灾。火势始终无法控制，馆内的 2 000 万件藏品被烧毁。5 个小时后，消防员控制住火势，却没有完全扑灭明火，透过巨大窗户可见内部被熏黑的走廊和烧焦的房梁，消防员不时现身，搬运抢救藏品。

这场大火将整个博物馆基本烧毁，所幸起火时博物馆已经闭馆，馆内 4 名安保人员都及时逃出，没有人员伤亡。但是，这座藏有大约 2 000 万件巴西和其他国家的历史文物，包括古埃及、古希腊、古罗马时期艺术品的博物馆，受灾后仅有约 10% 的馆藏得以幸存。

博物馆作为一个国家历史的守护者，理应受到更周全的保护。但这场文化的浩劫却告诉我们，在阻燃建筑材料这条路上，我们应该通过法规推动高性能、高效率阻燃材料的使用，确保各类建筑的防火安全。

1.5 菲律宾土格加劳宾馆火灾

2010 年 12 月 19 日凌晨，菲律宾北部卡加延省土格加劳市一家宾馆和相邻楼房失火，大火最终造成 15 人死亡，12 人受伤。大火先从旅馆相邻的 5 层楼房底层燃起，再蔓延至这家名为"床和早餐"的旅馆。消防人员用了 4 个小时将大火扑灭，两座建筑已被完全烧毁。

卡加延省土格加劳市坐落在卡加延德奥罗山谷，是一个人口稀少的农业城市，这使得这里的建筑多采用易燃木质结构，滞后的经济阻碍了先进阻燃建筑材料的推广和使用，最终酿成惨剧。

2. 溴系阻燃剂是个大家族

为了防止火灾发生，防范各类易燃物品的火灾发生，世界各国相继颁布了防火安全法规。在法规的推动下，虽然城市高层建筑比比皆是，家用电器随处可见，但由于阻燃防火技术的实施，使得火

灾的发生次数被抑制在一个极低的限度。在阻燃防火技术中溴系阻
燃技术是最早开始应用的阻燃技术之一，溴系阻燃剂是所有现代阻
燃剂中发展最早、产业化程度最完善的阻燃产品，在整个塑料阻燃
领域发挥着极其重要的作用。

溴系阻燃剂是所有用于高分子塑料制品阻燃改性的含溴化合物
的统称，具有阻燃效率高，加工性能好，对塑料的物理机械性能、
电气性能以及回收和重复应用影响小等优点。所以溴系阻燃剂自 20
世纪 70 年代以来就已经成为最受工业界欢迎的阻燃材料，直到发
现个别溴系阻燃剂具有持久性有机污染，工业界才开始在一定范围
内替代部分溴系阻燃剂或者使用环境友好的溴系阻燃剂。

溴系阻燃剂主要包括十溴二苯醚、十溴二苯乙烷、六溴环十二

烷、溴化环氧树脂、溴化聚苯乙烯、三－三溴苯氧基三嗪、八溴醚、四溴双酚 A、三溴苯酚、四溴苯酐二醇、二溴新戊二醇等。在上述溴系阻燃剂中，被列入《斯德哥尔摩公约》确定具有持久性有机污染的溴系阻燃剂为多溴联苯醚和六溴环十二烷，目前国内这两种阻燃剂的生产企业已经迅速减少，有望在 2021 年底停止生产和使用。

3. 溴系阻燃剂能够有效阻止易燃材料的燃烧

我们所熟知的塑料制品在燃烧过程中会快速分解，并以可燃性气体的形式释放到空气中，不断为火焰提供"燃料"。溴系阻燃剂在燃烧的过程中，其分解产生的溴化氢（HBr）气体能够阻止燃烧过程中的自由基反应，即中断能促进燃烧过程的化学反应，起到降低火焰强度，甚至熄灭火焰的效果。对一些小的火源，高效的阻燃剂能够使火源迅速熄灭。因此，在大多数情况下，阻燃剂的存在能够防止易燃材料发生火灾。

同时，溴系阻燃剂在燃烧过程中还能与其协效阻燃剂三氧化二锑作用产生三溴化锑，这种沉重气体可以隔绝氧气，同时冲淡塑料燃烧时释放的可燃性气体的浓度，从而达到减弱燃烧强度、抑制火焰蔓延的效果。

因此，阻燃剂的使用极其重要，它能更好地保障人们的生命财产安全。

4. 一些溴系阻燃剂属于持久性有机污染物（POPs）

国际社会出于保护人类健康和环境的目的，相继将多溴联苯醚（PBDEs）和六溴环十二烷（HBCD）两类溴系阻燃剂列为持久性有机污染物，列入《斯德哥尔摩公约》的受控清单中。PBDEs中仅有十溴二苯醚在我国进行了广泛的生产与使用。

下表是HBCD与十溴二苯醚在持久性、生物蓄积性、远距离迁移能力、毒性等性质方面的特性数据，这也是其被《斯德哥尔摩公约》禁用的原因。

特性	《斯德哥尔摩公约》筛选标准	HBCD特性数据	十溴二苯醚特性
持久性	水中半衰期＞2个月	水中半衰期＞2个月	水中半衰期从几小时到660d（依赖实验条件）
生物蓄积性	生物蓄积系数＞5 000 或 $\log K_{OW} > 5$	生物蓄积系数为18 100 $\log K_{OW} > 5.62$	生物蓄积系数＞5 000 $\log K_{OW} = 7.5$
远距离迁移能力	在远离排放源地点测得，空气半衰期＞2/d	广泛分布于北极环境中，且空气中半衰期为2~3d，在水生生态系统中的生物放大系数＞1	广泛分布于水体等环境中，空气中半衰期为94d，生物放大系数＞1

特性	《斯德哥尔摩公约》筛选标准	HBCD 特性数据	十溴二苯醚特性
高生物毒性	对人类或环境有不利影响	对水生生物毒性较高，对哺乳动物和鸟类具有生殖、发育和神经毒性	影响鱼类、鸟类和哺乳动物的生殖系统、神经系统、内分泌系统

5. POPs 物质是什么

POPs（Persistent Organic Pollutants）即持久性有机污染物，是一类具有持久性、生物蓄积性、长距离迁移性和高生物毒性的物质，可通过各类环境介质(大气、水、土壤、生物等)的长距离迁移作用对人类健康和生态环境造成严重危害。

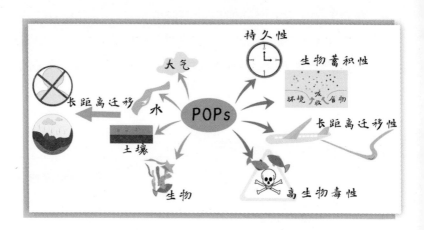

（1）持久性是指 POPs 能够在环境中持久地存在。POPs 物质通常对生物降解、光解、化学分解作用有较强的抵抗能力，一旦被排放到环境中后难以被分解。

（2）生物蓄积性是指 POPs 物质通过食物链对较高营养级的生

物造成影响。这是由于 POPs 物质具有低水溶性、高脂溶性的特点。

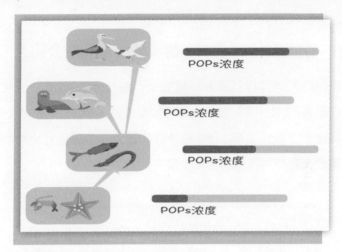

（3）长距离迁移性是指 POPs 物质具有迁移到偏远极地地区的
能力。这是因为 POPs 物质具有半挥发性，使其易于通过大气等的
运动发生迁移，后重新沉降至地表。

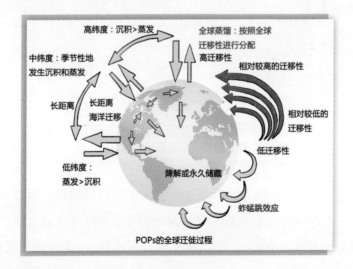

（4）高生物毒性是指 POPs 物质达到一定浓度时，会对接触该物质的生物造成有害或有毒的影响。

6. 削减和控制 POPs 的《斯德哥尔摩公约》

为保护人类身体健康和环境安全，2001 年 5 月 22 日，联合国环境规划署（UNEP）在瑞典斯德哥尔摩通过了《斯德哥尔摩公约》，旨在减少和（或）消除 POPs 的排放和释放，是国际社会对有毒化学品采取优先控制行动的重要步骤。

截至 2017 年 11 月，已有 182 个国家或区域组织签署了 POPs 公约，其中 152 个国家已正式批准该公约。2001 年 5 月 23 日，中国政府也签署了 POPs 公约；2004 年 6 月 25 日，十届全国人大常委

会第十次会议批准 POPs 公约；2004 年 11 月 11 日，POPs 公约在中国正式生效。

《斯德哥尔摩公约》的目标：

铭记《关于环境与发展的里约宣言》之原则 15 确立的预防原则，保护人类健康和环境免受 POPs 危害。《斯德哥尔摩公约》具有五个主要目标：

（1）先消除公约受控名单中最危险的 POPs；

（2）支持向较安全的替代品过渡；

（3）对更多的 POPs 采取行动；

（4）消除库存 POPs 和清除含有 POPs 的设备和废物；

（5）协同致力于没有 POPs 的未来。

《斯德哥尔摩公约》的主要内容：

公约正文共 30 条，包括目标、定义、实质性条款 14 条，常规性条款 14 条，以及 7 个附件。分别是：

附件 A 列出需要消除其生产和使用的 POPs 物质及其特定豁免的情况。

附件 B 指明了需要限制生产和使用的 POPs 物质。

附件 C 对无意产生的 POPs 物质进行说明，并提供防止和减少其排放的关于最佳可行技术和最佳环境实践（BAT/BEP）的一般性指导。

附件 D 规定了新 POPs 信息要求和筛选标准。

附件 E 提出了审查新 POPs 时需在风险简介中提供的资料。

附件 F 说明了提出增列 POPs 建议时应提供的涉及社会经济因素的信息。

附件 G 规定了争端解决的仲裁程序和调解程序。

PBDEs 和 HBCD 作为公约管控的 POPs 物质均被列入附件 A。

清单更新时间	附件 A（禁止或消除）应采取必要的法律和行政措施，禁止或消除的化学品	附件 B（严格限制可接受用途）应限制生产和使用的化学品	附件 C（减少或消除无意产生）应采取控制措施减少或消除的源自无意生产的污染物	在用物品/废弃/污染地块
首批受控（12种）（2001.5）	艾试剂、狄氏剂、异狄氏剂、七氯、毒杀芬、多氯联苯、氯丹、灭蚁灵、六氯苯	滴滴涕	多氯二苯并对二噁英、多氯二苯并呋喃、六氯苯和多氯联苯	查明 POPs 或含 POPs 化学品库存；查明含 POPs 产品、物品及废弃物；环境无害化管理库存、产品、物品及废物；以不可逆转方式销毁 POPs 废物；查明污染场地清单
首次增列（9种）（2009.5）	十氯酮、五氯苯、六溴联苯、林丹、α–六氯环己烷、β–六氯环己烷、商用五溴二苯醚和商用八溴二苯醚	全氟辛基磺酸及其盐类和全氟辛基磺酰氟	五氯苯	
第二次增列（1种）（2011.4）	硫丹			
第三次增列（1种）（2013.5）	六溴环十二烷			
第四次增列（3种）（2015.5）	六氯丁二烯、五氯苯酚及其盐类和酯类、多氯萘		多氯萘	
第五次增列（3种）（2017.5）	十溴二苯醚、短链氯化石蜡		六氯丁二烯	

7. 我国《斯德哥尔摩公约》的履约机制

公约签署以来，我国采取了一系列富有成效的减排行动，POPs 污染防治和履约工作取得了显著成效，重点地区环境介质中 POPs 含量下降，解决了一批严重威胁群众健康的 POPs 环境问题。

2005 年，成立了由国家环境保护总局牵头的，由外交部、国家发展和改革委员会、科学技术部、财政部等 14 个部委组成的国家履行斯德哥尔摩公约工作协调组（简称国家履约工作协调组）。同时，成立了由土壤环境管理司、国际合作司和环境保护对外合作中心组成的协调组办公室，作为我国履行公约的联络点，负责组织、协调和管理履约日常活动（2018 年机构改革后，国家履约工作协调组成员发生了变化）。

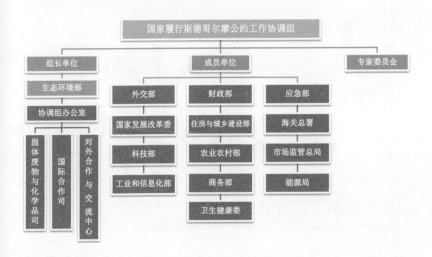

各省、市、自治区政府的生态环境厅（局）也建立了协调机制，明确了开展 POPs 污染防治工作和履约的责任单位。

8. 不是所有溴系阻燃剂都是 POPs 物质

溴系阻燃剂中的十溴二苯醚和 HBCD 属于 POPs 物质，那是不是因为含有溴元素的原因？转用不含溴的阻燃剂是否就能解决这一问题？

其实，人们不必对于溴系阻燃剂过度担心，并不是所有的溴系阻燃剂都有毒性。相反，一些含溴的阻燃剂恰恰是环保型阻燃剂，如近些年开发的溴化聚苯乙烯、溴化环氧树脂以及溴化苯乙烯－丁二烯－苯乙烯共聚物等新型阻燃剂。所以，溴系阻燃剂是否有毒性取决于其化学结构。像前面所提到的高分子溴系阻燃剂具有优异的稳定性、极难溶于水、在使用中不会从塑料中迁移析出等特性，便不会对环境和人类健康产生不利影响。

而且，现在市面上阻燃剂种类繁多，溴系阻燃剂以其阻燃性能的稳定性和良好的加工应用性，仍然在整个阻燃市场中占有重要地位，占有相当大的份额。不过，近年来由于溴素价格上涨，溴系阻燃剂价格也上涨较快，这促进了当前溴系阻燃剂用量的减少。

无卤化是当前阻燃剂领域发展的一种趋势，但由于溴系阻燃剂性能优异、稳定，在今后相当长的时间内都仍会长期使用。因此，我们只需停止使用已经确定的POPS溴系阻燃剂，不要谈"溴"色变。

9. 两种禁用的 POPs 溴系阻燃剂的基本情况

十溴二苯醚

十溴二苯醚是一种高效广谱的添加型阻燃剂。常温下是白色粉末，不溶于水、乙醇、丙酮、苯等溶剂，微溶于氯代芳烃。溴含量较高，低温下化学性质稳定，具有较高的熔沸点，熔点为 300℃左右，沸点为 425℃左右，广泛应用于橡胶、塑料、纤维等材料的阻燃。

六溴环十二烷

六溴环十二烷（HBCD）是一种高溴含量的添加型阻燃剂。常温下是白色晶体，能溶于甲醇、乙醇、丙酮、醋酸戊酯等有机溶剂，对热和紫外光的稳定性较好。它有多种异构体，其中低熔点型熔点为 167～168℃，高熔点型为 195～196℃。其热稳定性较差，当温度在 170℃以上时，HBCD 分子开始分解，释放溴化氢。适用于聚苯乙烯泡沫、不饱和聚酯、聚碳酸酯、聚丙烯、合成橡胶等高分子材料的阻燃。

10. POPs 溴系阻燃剂存在于人们周围

目前公约禁用的 POPs 溴系阻燃剂主要包括十溴二苯醚和六溴环十二烷。

十溴二苯醚曾经被大量生产并作为塑料制品的阻燃剂，已被广泛应用于各种工业产品和日用产品中，如电器制造（电视机、计算机线路板和外壳）、建筑材料、泡沫、室内装潢、纺织品、家具、汽车内饰等。

由于十溴二苯醚价格低廉，性能优越，在全球范围内使用最广，主要的应用领域为：90% 的十溴二苯醚供给塑料改性企业制备阻燃塑料，其中 70% 用于电子电器设备中的阻燃塑料元件，10% 用于阻燃电线电缆及其附件，10% 用于交通工具及其配套设施中的阻燃部件；剩余的 10% 用于矿山、建筑物用阻燃塑料。当前，十溴二苯醚主要用于织物和橡胶传送带的阻燃。

六溴环十二烷是一种高溴含量的脂环族添加型阻燃剂，主要用于建筑物和汽车中的挤塑聚苯乙烯（XPS）泡沫和可发性聚苯乙烯（EPS）泡沫，除此之外，还用于不饱和聚酯、聚碳酸酯、合成橡胶、聚丙烯塑料和纤维，也可用于涤纶织物阻燃后整理和维纶涂塑双面革的阻燃。

欧洲市场主要将六溴环十二烷用于阻燃 EPS、XPS、高抗冲聚苯乙烯和纺织品涂层的阻燃处理上，我国主要用于阻燃 EPS、XPS、织物、黏合剂、涂料及不饱和聚酯树脂等。具有用量少、阻燃效果好、对材料物理性能影响小等优点，因此市场的需求量很大。

11. 环境中 POPs 溴系阻燃剂可通过多种途径传播

多溴联苯醚（PBDEs）对整个生物圈影响深远

由于 PBDEs 为添加型阻燃剂，主要以混合的形式掺杂在产品中，因此很容易通过挥发、渗出等方式从产品表面脱离而进入环境。因此，PBDEs 在生产、使用和废弃过程都有可能释放到空气中，并随着大气和水体的迁移造成广泛的污染。

目前在大气圈、岩石圈、生物圈、水圈中都能检测到 PBDEs 的存在。研究表明，PBDEs 具有生物积累性、环境持久性和生物毒性，能够随大气进行长距离迁移，通过多种途径进入环境中。近几年，PBDEs 在环境中的典型衍生物羟基 – 多溴联苯醚 (OH–PBDEs) 和甲氧基多溴联苯醚(MeO–PBDEs) 已在多种生物和环境介质中被检出。

（1）通过大气传播和扩散

城市地区的工业生产和废弃物的露天焚化等人类活动将 PBDEs 排放至大气中，这些有毒物质会随着大气运动进入周边地区环境，并沉降和蓄积，造成深远的影响和危害。

PBDEs 还可随大气流动进行长距离迁移，使其在偏远地区也能被检测到。低溴代联苯醚在温度较高地区容易挥发到空气中，并随着空气的流动向远方迁移。当遇到冷空气或者迁移到寒冷地区时，低溴代联苯醚就会凝结沉降进入各种水体，通过不断的挥发、凝结、再挥发、再凝结的循环作用，使污染遍及世界各地。高溴代联苯醚则是通过吸附在空气中的颗粒物上，随空气流动而实现长距离迁移。如西藏高原地区人口稀少且远离工业污染源，其被检测出的高溴代联苯醚主要来自 PBDEs 随大气流动的长距离迁移行为。

（2）水体中 PBDEs 通过地表径流在水中富集

水体是 PBDEs 迁移和扩散的又一重要介质。PBDEs 通过地表径流等方式进入水体后，一部分会再次挥发到空气中造成污染，另一部分则随水体的流动而迁移，最终进入沉积物或土壤中长期存在，或被水生动植物吸收和富集。

PBDEs 的水溶性虽然有限，但在水体中的分布不容小觑。在一

些电子垃圾拆解处理集散地，如中国广东贵屿地区，原始的和不规范的电子垃圾处理方式造成大量的有毒物质释放，在珠江三角洲、环渤海区等地的土壤和沉积物中，PBDEs 的浓度也呈现不断增加的趋势。

（3）土壤中 PBDEs 的扩散

生产阻燃剂的工厂是最明显的释放 PBDEs 的场所，阻燃塑料制品厂也会直接排放一些 PBDEs，进入大气中的 PBDEs 会通过大气向水体和土壤迁移。目前土壤中 PBDEs 的主要来源是工业废水和废气排放。土壤中 PBDEs 含量分布与其在室外空气中的分布具有相同的规律，即距离污染源越远，PBDEs 含量水平越低。对于远离工业污染的城市地区，其土壤中 PBDEs 的含量较低。

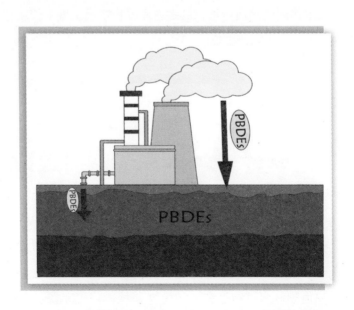

研究人员在检测瑞典纺织品生产工厂附近河流底泥中的 PBDEs

时发现，河流下游污泥中的 PBDEs 浓度明显比上游污泥中的高。

六溴环十二烷（HBCD）在全球范围内均有分布

HBCD 作为添加型阻燃剂，可在其整个生命周期内不断向环境中进行释放，包括其生产、加工、运输、使用、储存，以及作为废物丢弃和对其进行处理的过程。

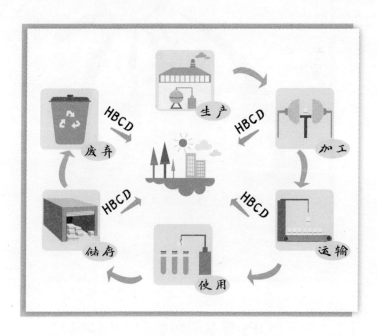

排放源直接向空气、土壤和水体中排放污染物，其中的 HBCD 再通过"蚱蜢跳效应"模型进行迁移，即当温度较高时挥发，并随空气流动向远方迁移，当遇到冷空气或者到达寒冷地区时就会发生凝结，通过这样不断地挥发、凝结、再挥发、再凝结的过程，在环境介质和生物体内进行迁移、转化与蓄积，并随着环境介质进行长距离迁移。目前在全球范围内包括北极的各个地区都检测到了

HBCD 的存在；在非常偏远的地区，如挪威北部的海鸟和鸟蛋中也发现了 HBCD 的存在。

12. 我国 POPs 溴系阻燃剂的生产情况

HBCD 的生产情况：

我国最早于 20 世纪 90 年代开始生产 HBCD。据调查，截至 2014 年全国已有 HBCD 生产企业 12 家，基本分布在江苏省和山东省。生产 HBCD 阻燃 EPS 保温材料的企业有上百家，主要分布在河北、天津、广东、福建、山东、江苏、浙江等省份；生产 HBCD 阻燃 XPS 材料的企业约有 70 家，主要分布在黄河以北地区，如河北、天津、山东等省份。

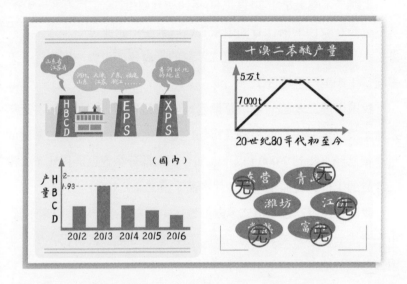

据调查，2012—2014 年，HBCD 的国内年产量不到 2 万 t/a，其中 2013 年最高，达到 1.93 万 t，每年的出口量在 5 000t 左右。此后，随着禁用工作的开展，HBCD 产量在逐渐下降。

PBDEs 的生产情况：

商用五溴二苯醚和商用八溴二苯醚的生产情况：20 世纪 90 年代我国开始生产商用五溴二苯醚，到 2004 年已全部停产。除了我国，其他生产过五溴二苯醚的国家或地区还包括美国、日本、欧盟等，现在也已经全部停止了生产。关于商用八溴二苯醚，从 2000 年开始，欧盟、美国、加拿大等国就开始了淘汰工作。而我国除了化学试剂外并未生产过八溴二苯醚工业品，当然也不会当作阻燃剂来使用。因此，由于五溴二苯醚和八溴二苯醚产品本身的处理、排放而导致的环境影响问题在我国已经不存在。

十溴二苯醚的生产情况：

十溴二苯醚最早于 20 世纪 80 年代初开始生产，工厂有 8～9 个，基本分布在我国的浙江省和山东省，后来生产企业进一步增多，产量扩大。2002—2007 年，十溴二苯醚的最高年产量曾一度高达 5 万多吨，生产工厂也超过了 20 个。

我国十溴二苯醚的生产总量累计已经超过了 20 万 t。随着近年来对十溴二苯醚生产的控制及市场的逐步缩小，现在十溴二苯醚的年产量已经下降到 7 000 t 以下。如今，大部分企业已经停止了十溴二苯醚的生产，转而生产其替代产品十溴二苯乙烷。

我国曾经生产过十溴二苯醚的地区主要有山东潍坊、山东东营、山东青岛、江苏常熟、江苏江阴、浙江富阳等地。目前仍在生产十溴二苯醚的地区只剩下山东潍坊。

CHAPTER 2

第二章

环境风险知多少

PBDEs 的环境风险

13. PBDEs 影响水生生物的发育

PBDEs 虽然水溶性有限，但对水生生物的生长过程仍然会产生一定的不利影响。欧盟最新研究表明，虽然仅有极微量的 PBDEs 可以溶解在水中，但对鱼类和两栖动物的生殖系统、神经系统、内分泌系统、生长发育和体能均存在不利影响。毒性数据表明，PBDEs 及其降解的产物可以延缓非洲爪蛙蝌蚪的发育，减少雄蛙的叫声数量以及平均呼叫量，从而影响其交配行为。如果野生青蛙在蛙卵阶段接触到 PBDEs，当它生长到 12 周时，其大脑和睾丸中就能够检测到 PBDEs 的存在。

14. PBDEs 抑制土壤中动物和植物的生长

生长在土壤中的动物和植物同样会受到 PBDEs 的影响。研究表明，PBDEs 在低剂量时对植物和土壤生物没有剧毒，但在高剂量时则可以观察到不良影响，但这并不意味着低剂量的 PBDEs 对土壤微生物和植物没有毒性。当土壤中 PBDEs 含量为 0.01 ～ 10ppm（1ppm=1mg/kg）时，蚯蚓体内的羟基自由基数量显著增加，这会导致其蛋白质和脂类的氧化损伤以及抗氧化能力的降低。在 PBDEs 含量为 100 ppm 的土壤中种植黑麦草幼苗，其根系生长程度被抑制了 35%，叶绿素 b 和类胡萝卜素含量下降 30%。这是由于 PBDEs 引起了氧化应激和损伤，改变了几种抗氧化酶的活性，降低了黑麦草非酶类物质抗氧化的能力。

15. PBDEs 威胁野生鸟类的生存

PBDEs 在野生鸟类体内含量最高，面临很大风险。通过实验发现，圈养鸡胚胎若一次性注射 80μg 的 PBDEs，其死亡率高达 98%，而野生鸟蛋中的浓度通常在 1 ～ 100μg/kg。在一项关于美国红隼暴露于 PBDEs 的研究中，虽然其浓度处于符合环保要求的 2.5%，但仍然使雄性红隼在求偶期间和以后的育雏过程中的外出飞行时间增多，这对鸟类的生存和繁殖都有很大影响。

16. PBDEs 对哺乳动物的毒性

通过对陆地哺乳动物——啮齿类动物的毒性实验，发现 PBDEs 对处于幼年期动物的神经发育有不利影响。实验研究表明，刚出生的转基因小鼠在含有 PBDEs 的环境中生长一段时间以后，其空间学习和记忆能力与同期生长的小鼠有很大差距。PBDEs 及其分解产物对于大鼠的影响主要为，导致了其左右脑之间（胼胝体区）神经减少以及白质部分的不完全发育，扰乱了胆碱能系统从而导致认知功能紊乱。实验中暴露于浓度为 0.05 ppm 的大鼠还出现了氧化应激现象和葡萄糖动态平衡受损现象。

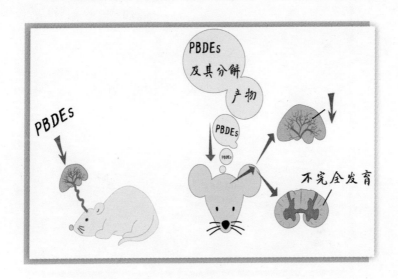

17. 人类要远离过高浓度的 PBDEs

关于 PBDEs 对人类的危害研究表明，PBDEs 将会影响神经系统的发育。人类和 PBDEs 的接触在人类发育的早期阶段就已经开始了，PBDEs 既可以在子宫内通过胎盘转移到胎儿体内，也可以出生以后通过母乳转移到婴儿体内。研究表明，12 ～ 18 月龄儿童体内的 PBDEs 含量与其智力发育之间存在关联。孕妇产前或产后接触过多 PBDEs 会降低婴儿的认知能力，影响神经发育。虽然根据 2010

年美国卫生部的调查，婴儿通过每日饮食和母乳喂养所摄入的微量 PBDEs 不太可能导致神经发育毒性，但其毒性也确实存在。公众要关注身边含有大量 PBDEs 的器材，应妥善处理这些器材，以保护自己和家人的健康。

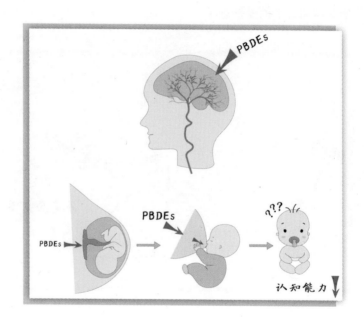

HBCD 的环境风险

18. 职业接触会导致 HBCD 在人体中的含量提高

在日常生活中，人们可能通过多种途径接触 HBCD，如食物、灰尘、空气、纺织品、聚苯乙烯产品以及电子设备等。在空气中，人类通过皮肤接触到 HBCD，呼吸时吸入含有 HBCD 的粉尘颗粒。研究发现，非职业接触者不可避免地会接触到环境或产品中的

HBCD，但相比职业接触者接触到的 HBCD 含量少得多，所以非职业接触者的血液中含有 HBCD 的水平通常要比职业接触者的低得多。例如，那些在生产含有 HBCD 的发泡聚苯乙烯的工厂工作的人员，其血液中的 HBCD 含量水平比非职业接触者高。因此，长时间接触HBCD 会导致人体内 HBCD 水平明显提高。

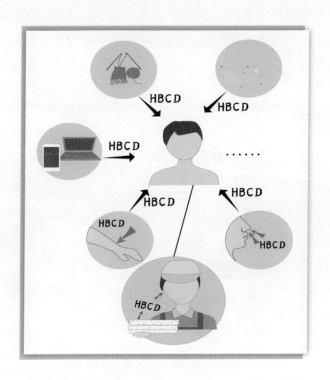

19. HBCD 从食物中进入人体

由于人类的饮食习惯不同，在全球不同地区的人体中，HBCD浓度都存在差异。研究表明，在所有的食物中，各种肉制品都含有更高的 HBCD 浓度，而肉制品也是人体摄入 HBCD 的主要途径。欧洲人体内 HBCD 的浓度要明显高于亚洲人，这是由于欧洲人主要以肉食为主，并且与 HBCD 使用量大、使用时间长有关。人体通过食用肉类摄入 HBCD，再经血液运转至全身，并在脂肪内蓄积，会对人体的健康造成一定的危害。除肉制品之外，研究人员在发展中国家抽取的鸡蛋中也检测到了 HBCD 的存在；同时，有研究人员在蔬菜中也检测到了 HBCD。因此，关注环境中的 HBCD 污染源，尽快削减 HBCD 的环境蓄积量，对于保护我们的食品安全与生命健康至关重要。

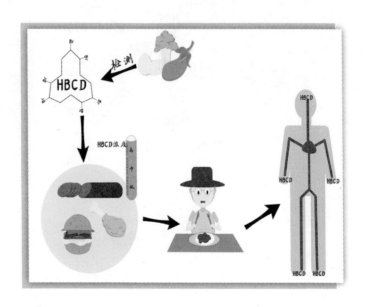

20．HBCD 通过灰尘进入人体

从 20 世纪七八十年代开始，由于人们的防火意识不断增强，对于 HBCD 的需求量不断增加，从而导致环境和人体组织中 HBCD 的含量也在逐渐增加。在接近 HBCD 污染源和市区的地区，HBCD 水平更高。目前已经确定在欧洲、日本及华南沿海水域以及 HBCD 的生产基地附近，工作人员在处理含有 HBCD 废弃物的过程中会产生带有 HBCD 的灰尘，而灰尘也是人体接触 HBCD 的一种重要途径。人们在日常的生活中也总会接触被 HBCD 污染的灰尘，会经常吸入房间内的物品和居住环境中释放出的 HBCD。尤其对于婴幼儿来说，因为孩子经常在地毯上玩耍，无意识摄入的含有 HBCD 的灰尘会更多，所以家长要更加防范这方面的问题。

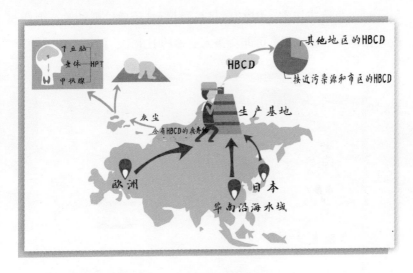

由于 HBCD 具有毒性，它可能会对下丘脑—垂体—甲状腺（HPT）轴有影响，并且干扰人体正常发育，影响中枢神经系统，对生殖和发育产生不利影响。也就是说，HBCD 将会对包括婴幼儿在内的全体人群造成潜在的健康风险。

21．HBCD危害孕妇和婴儿群体

欧盟于2008年完成的HBCD风险评估认为，HBCD可能引起生殖毒性和长期毒性，但不会产生急性毒性、刺激、致敏、致突变性和致癌性。当采用标准的工业卫生措施时，HBCD不会对成年消费者或工人构成威胁。该报告还指出，在一般人群中，HBCD在人体组织中的浓度远低于其他哺乳动物。虽然HBCD在人体组织内的浓度很低，但仍然可能对脆弱的胚胎和婴儿群体造成风险。研究人员怀疑HBCD会破坏女性生育能力和影响胎儿发育，也很有可能通过母乳对婴儿造成伤害。HBCD可以通过母乳传递给婴幼儿，因此与成人相比，年幼的儿童可能会摄入更多的HBCD，值得大家关注。

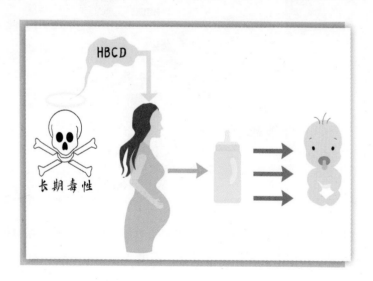

22. HBCD 在食物链中的生物放大作用

啮齿类动物产前接触 HBCD，可能导致它们的行为发生细微变化，使其运动和认知能力受到影响，并且这种负面影响已经在人类中得到证实。

研究表明，HBCD 在食物链中具有生物放大作用。例如，在海豹和港湾海豚等顶级捕食者体内的 HBCD 浓度比海星等水生大型无脊椎动物高几个数量级。同样，作为捕食者的鸬鹚和燕鸥，它们体内的 HBCD 浓度要高于它们所捕食的鳕鱼和黄鳗。也就是说，HBCD 的浓度在食物链顶端的物种中更高，表明 HBCD 具有生物放大作用。

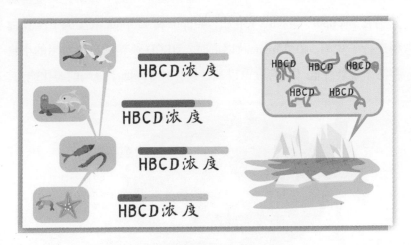

如今，在北极地区已经检测到了 HBCD 的存在，并且广泛地存在于北极食物链中。2001 年，研究人员在加拿大北极地区检测到白鲸脂肪中含有 HBCD；2002 年，在北极熊的脂肪组织中也检测到了 HBCD。由此可知，HBCD 已经进入北极食物链。当由于环境变化使得动物的脂肪储备耗尽时，脂肪储备中积累的污染物就会被释放并转移到动物的重要器官，这对动物的生命来说无疑埋下了一颗定时炸弹。

23. HBCD 对鸟类产生毒性

日本的一项研究表明，HBCD 对鸟类的发育和繁殖过程具有毒性。在这项研究中，用混有含量为 0ppm、125ppm、250ppm、500ppm 和 1 000ppm HBCD 的粳稻喂养日本鹌鹑 6 周。HBCD 会导致孵化率降低。在浓度超过 125ppm 时，蛋壳厚度也有所降低。在 HBCD 浓度分别为 500ppm 和 1 000ppm 时，鹌鹑蛋的重量和产蛋率都有所下降，破裂鹌鹑蛋的数量也有所增加。此外，研究人员也对分别含有 0ppm、5ppm、15ppm、45ppm 和 125ppm 浓度的 HBCD 粳稻进行了观测，在 15ppm 及以上时，HBCD 喂养的母鸡孵出的小鸡存活率显著降低；同时，也可以观察到 HBCD 降低了母鸡的孵化能力。

24. HBCD 对土壤中生物的影响

HBCD 对生存于土壤中的蚯蚓，以及土壤中种植的玉米、黄瓜、洋葱、黑麦草、大豆和番茄，都会产生一定的不利影响，这种影响将会随着 HBCD 含量的提高而越来越明显，直至影响蚯蚓的繁殖，影响上述植物的出苗率。

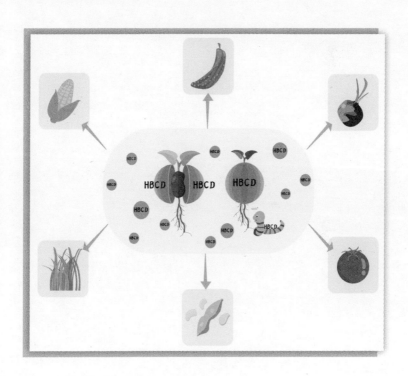

CHAPTER 3

第三章

管控行动知多少

PBDEs 篇

25. 多溴联苯醚（PBDEs）被《斯德哥尔摩公约》禁用

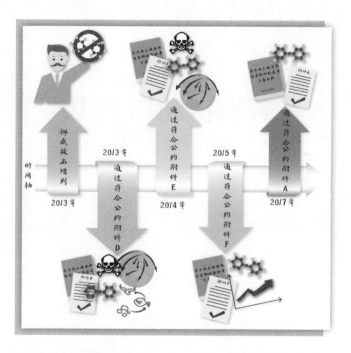

　　2009 年 5 月瑞士日内瓦举行的斯德哥尔摩公约缔约方大会第四届会议决定将商用五溴二苯醚、商用八溴二苯醚新增列入公约附件 A，我国已经在 2014 年对之生效，禁止生产、流通、使用和进出口，包括六溴联苯、四溴二苯醚、五溴二苯醚、六溴二苯醚和七溴二苯醚。2017 年，公约将十溴二苯醚增列入附件 A。至此，最主要的商用 PBDEs 类物质被纳入了禁用范围，各缔约方相继对以十溴二苯醚为代表的 PBDEs 类物质采取禁用措施，我国也完成了履行公约的基本准备工作，但修正案尚未对我国生效。

十溴二苯醚被禁用后，仅限于被豁免的缔约方在豁免期内进行生产，并且缔约方应采取适当措施，确保在生产十溴二苯醚时，最大限度减少与人类的接触和向环境中的排放。在豁免期结束后，该缔约方生产的 POPs 化学品不得再进行出口，除非其进行了环境无害化处理。而我国并未对十溴二苯醚申请豁免期，也就是说，我国在短时间内将全面消除十溴二苯醚的生产与使用。

26. 欧盟 RoHS 指令

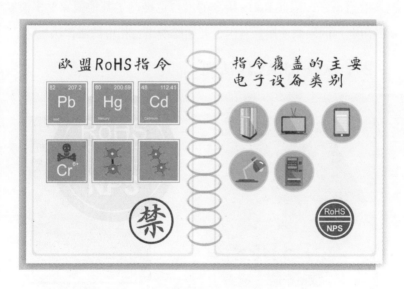

2003 年 1 月 27 日，欧盟议会和欧盟理事会通过了《在电子电气设备中限制使用某些有害物质指令》（The Restriction of the Use of Certain Hazardous Substances in Electrical and Electronic Equipment，以下简称 RoHS 指令）。

RoHS 指令从 2006 年 7 月 1 日起开始生效，2013 年新 RoHS 开

始实行。指令生效后，规定在新投放欧盟市场的电子电气设备产品中，严禁使用铅（Pb）、汞（Hg）、镉（Cd）、六价铬（Cr^{6+}）、多溴联苯和多溴联苯醚等6种有害物质。其中多溴联苯醚包括了一种 POPs 溴系阻燃剂——十溴二苯醚。

RoHs 指令覆盖的电子电气设备类别主要包括大型家用电器（如冰箱）、IT 和电信设备、消费电子设备（如电视机）、照明设备及自动售货机等。

当时，由于含有多溴联苯醚阻燃剂的电子电气产品已经不允许进入欧盟市场，因此 RoHS 指令的出台也推动了其他国家对多溴联苯醚阻燃剂的限制使用。各国也开始纷纷出台相应的法律法规。

27. 欧盟 REACH 法规

《化学品的注册、评估、授权和限制》（简称 REACH 法规）是由欧盟发布，并于2007年6月1日起实施的化学品监管体系。这是一个涉及化学品生产、贸易、使用安全的法规提案，旨在保护人类健康和环境安全，保持和提高研发无毒无害化合物的创新能力，

增加化学品的使用透明度。

REACH 法规适用于所有的化学物质，不仅包括在工厂中使用的化学物质，也包括日常生活中的物质。举例来说，清洁产品、油漆中的化学物质，以及衣服、家具、玩具、电子产品中的化学物质都需要符合 REACH 法规，并且任何商品都必须有一个列明每一项化学成分的登记档案，并说明制造商如何使用这些化学成分以及毒性评估报告。因此，REACH 法规的实施影响了涉及化工、纺织、电子等几乎所有行业的欧盟企业及出口欧盟的中国及其他非欧盟国家企业。

该提案明确规定自 2019 年 3 月 2 日起，不得制造 PBDEs 或将其投放市场，也不能作为组分或作为混合物使用，且从 2019 年 3 月 2 日起，在欧盟销售的产品中，PBDEs 含量高于 0.1% 时将不得投放市场。

28. 新加坡《环境保护和管理法案》修正案

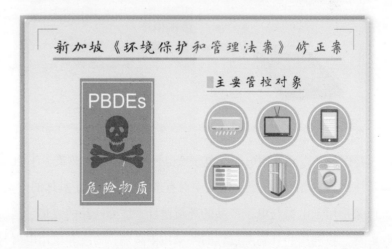

2016 年 6 月 1 日，新加坡检察院（AGC）发布的《环境保护和管理法案》的修正案（No.S263），明确将 PBDEs 列为危险物质。

以家用设备中的空调、平板显示电视、移动电话、平板智能手机、手提电脑、冰箱、洗衣机为主要管控对象，要求 PBDEs 在均质材料中含量不超过 0.1%，但对二手的电子电气设备、电子电气设备商使用的电池和蓄电池以及仅设计用于工业用途的产品予以豁免。

该修订法案于 2017 年 6 月 1 日开始实施。

29. 我国《废弃家用电器与电子产品污染防治技术政策》

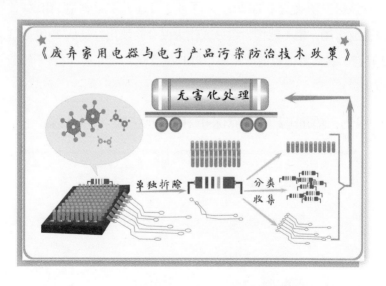

我国的《废弃家用电器与电子产品污染防治技术政策》于 2006 年 4 月 27 日开始实施，这一政策中对有毒有害物质做了具体的定义，该政策适用于电器与电子产品的环境设计，废弃产品的收集、运输与贮存、再利用和处置全过程的环境污染防治，为废弃家用电器与

电子产品再利用和处置设施的规划、立项、设计、建设、运行和管理提供技术指导，引导相关产业的发展。

该政策规定，含有包括多溴二苯醚（PBDE）在内的溴系阻燃剂的电子元件要进行单独的拆除和收集，含多溴联苯或多溴二苯醚阻燃剂的电线电缆、塑料机壳要进行分类收集并做无害化处理。

HBCD 篇

30. 六溴环十二烷（HBCD）被《斯德哥尔摩公约》禁用

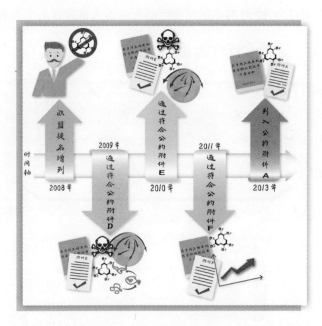

HBCD 在 2008 年被欧盟提名增列为 POPs 物质；2009 年通过公约附件 D 的审查，认为该物质具有持久性、生物富集性、远距离迁

移性、有害性等特性；2010 年通过公约附件 E 的审查，确定该物质具有远距离迁移并产生危害的特性；2011 年通过公约附件 F 的审查，完成了社会经济影响分析；2012 年 5 月补充替代技术信息；2013 年 5 月，斯德哥尔摩公约缔约方大会讨论并最终将其增列至公约附件 A；公约对 HBCD 的控制使用于 2014 年生效。

同时，在公约的附件第七部分强调：缔约方需采取必要措施，确保含有 HBCD 的可发性聚苯乙烯和挤塑聚苯乙烯泡沫在其整个生命周期内能够通过使用标签或其他方式达到易于识别的目的。我国已申请 5 年的豁免期来寻找和开发 HBCD 替代品及其生产技术，并计划于 2021 年 12 月豁免期结束之前全面淘汰 HBCD 的生产和使用。

31. 美国《有毒物质控制法》

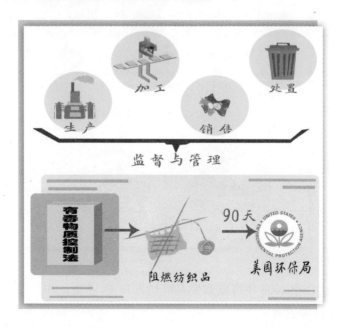

《有毒物质控制法》（TSCA）由美国环保局 1976 年颁布实施。TSCA 对化学品生命周期中的各个阶段（生产、加工、销售、使用、处置）进行监督与管理。一旦发现某一化学品对人类健康和环境造成过高风险，美国环保局有权禁止或限制该化学品的生产和使用。

2012 年 4 月，美国环保局提出一个针对《有毒物质控制法》下六溴环十二烷的重要使用规则。这项规定要求那些涉及阻燃纺织品中的六溴环十二烷的制造商、进口商或者加工六溴环十二烷的企业，必须至少提前 90 天将信息通报给美国环保局。这些通报会被评估是否为有意添加？如果是，六溴环十二烷会被限制或者禁止使用。

32. 欧盟 EC 指令

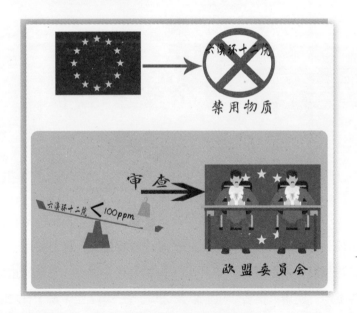

2016 年 3 月 1 日，欧盟官方公报发布新法规，对欧盟持久性有机污染物（POPs）EC 法规（No.850/2004）进行修订，将六溴环

十二烷作为禁用物质正式加入附录 I 禁用物质列表。

法规指出，六溴环十二烷浓度大于或等于 100ppm（以重量计 0.01%）的物质，必须在 2019 年 3 月 22 日前接受欧盟委员会的审查。该法规对于建筑用可发性聚苯乙烯有一定的豁免时间。该法规于 2016 年 3 月 22 日生效。

33. 加拿大《禁止特定有害物质法规》

2016 年 10 月 5 日，加拿大发布公告，修订《禁止特定有害物质法规》（SOR/2012-285）。此次修订内容提出，将主要用于建筑业绝热材料中的阻燃剂六溴环十二烷作为有害物质，明令禁止该物质的生产、使用、销售、供应以及进口。在 2017 年 1 月 1 日之前，该物质仍然被允许在建筑工程中用的 EPS 和 XPS 泡沫塑料中使用，并可用于实验室分析或科学研究。

CHAPTER 4

第四章

技术措施知多少

34．十溴二苯醚的工业替代技术

为了尽快削减和停止使用十溴二苯醚，在保证防火安全的同时，又能够避免持久性有机污染物的环境危害，十溴二苯醚替代产品的使用就显得尤为重要。目前，十溴二苯醚的替代产品主要包括以下四个类别的阻燃剂：十溴二苯乙烷、其他高分子溴系阻燃剂、磷系阻燃剂以及无机阻燃剂等。

十溴二苯乙烷是所有替代产品中化学结构最为接近十溴二苯醚的溴系阻燃剂产品。研究表明，在十溴二苯醚的各种应用领域，十溴二苯乙烷基本能够等量替代十溴二苯醚，而且所获得的阻燃制品

各方面性能都十分接近。而且十溴二苯乙烷在 2005 年开始投放市场至今，在十溴二苯醚的主要应用领域，基本实现了对十溴二苯醚的替代。而且十溴二苯乙烷的耐热性、耐光性和不易渗析性等特点都优于十溴二苯醚，其阻燃的塑料还可以回收使用。只是十溴二苯乙烷的市场价格略高于十溴二苯醚，因此这一替代进程仍需在法规的推动下全面实施。

其他品种的高分子溴系阻燃剂、磷系阻燃剂以及无机阻燃剂也可以在一定范围的塑料制品中替代十溴二苯醚使用，但这种替代往往需要经过更加细致的产品性能对比后才能实施。

35．HBCD 的工业替代技术

HBCD 最主要的应用领域就是在聚苯板外墙保温材料方面，并且随着国内建筑节能法规和防火安全法规的推进，促进了这一材料的推广使用。目前，国家已经颁布法规，到 2021 年 12 月 31 日为止，在全国范围内禁止生产、进口和使用 HBCD。因此，HBCD 替代品的开发也提到了议事日程。目前，已经开发生产的 HBCD 替代品包括甲基八溴醚和溴化苯乙烯 – 丁二烯 – 苯乙烯共聚物产品。虽然这两个产品在替代 HBCD 过程中，需要调整聚苯板保温材料的生产工艺，但是这两个产品基本上能够使聚苯板保温材料获得与 HBCD 相近的阻燃性能。因此，甲基八溴醚和溴化苯乙烯 – 丁二烯 – 苯乙烯是 HBCD 最主要的替代产品。

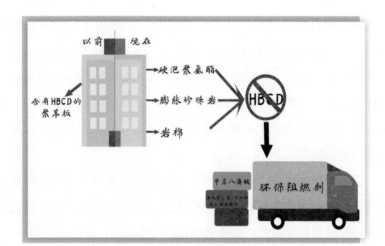

此外，也可以采用硬质聚氨酯泡沫、膨胀珍珠岩或者岩棉替代聚苯板保温材料，进而从根本上杜绝使用 HBCD 的可能。当然，硬质聚氨酯泡沫材料价格较高，膨胀珍珠岩和岩棉的保温效果不如聚苯板材料，且密度大。因此，这些材料在性价比和性能方面与聚苯板保温材料存在一定的差距。

36．对含有 POPs 溴系阻燃剂物品的无害化处置方法

（1）焚烧法

尽管《斯德哥尔摩公约》已经禁止了部分 POPs 溴系阻燃剂的生产，但另一部分 POPs 溴系阻燃剂在列入公约时得到了豁免，即可以回收循环利用含有这些物质的物品或者采用上述物品回收材料制造新的物品；同时原来生产的含有 POPs 溴系阻燃剂的产品目前还在使用；含有 POPs 阻燃剂的物品仍在不断被废弃；含有 POPs 溴系阻燃剂的产品在电子垃圾回用、拆解和销毁的过程中，POPs 物质

也会被释放出来，随着载体逐渐释放到水体、大气、土壤以及河流沉积物中，进而转移到动物体内和人体。上述物品及其处置过程一起构成了我国POPs溴系阻燃剂的污染源。

含有POPs溴系阻燃剂的废弃物不能进行简单的填埋处理，因为填埋处理时，POPs溴系阻燃剂仍然可以通过地下水浸出而造成二次污染。因此，在处理过程中，需要防止此类POPs物质在土壤中进行积累并随环境介质进行长距离迁移。

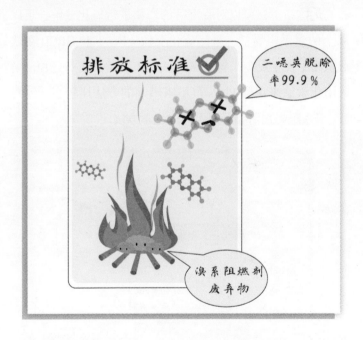

焚烧法处理可实现对含有POPs溴系阻燃剂废弃物的无害化处理。尽管在处理含有该类溴系阻燃剂废弃物时，焚烧处理易产生含二噁英的烟气，但我国在焚烧时处理烟气中二噁英的工艺已十分成熟，已有数十家焚烧填埋处理危险废弃物的企业成功运行。这些工厂焚烧处理危险废弃物，多采用回转炉焚烧—二次燃烧室焚烧—急冷塔急冷烟气的方法，避免了二噁英的产生，使得二噁英的脱除率达到99.9%，满足排放标准，从而能够实现对含有POPs溴系阻燃剂废弃物的无害化处理。

（2）化学法

使用金属可以实现降解POPs溴系阻燃剂的目的。运用由金属和过氧化物组成的氧化体系（如由过氧化氢和铁催化剂组成的Fenton氧化体系），可以对脱溴后的产物进行氧化分解，可以去除99%以上的溴系阻燃剂。采用硫化亚铁（FeS）和HBCD在缺氧条件下沉积物中发生反应，超过90%的HBCD会被FeS还原降解。

利用化学法来消除POPs溴系阻燃剂的方法比较多，针对不同的POPs溴系阻燃剂需要采用不同的化学方法。

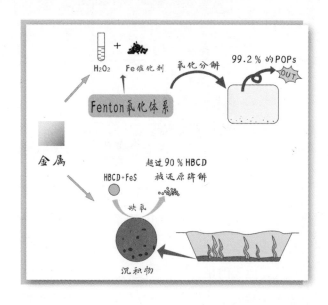

（3）光降解法

采用光（催化）降解将多溴联苯醚（PBDEs）转化成低毒或无毒的小分子物质，可以迅速削弱或者减少POPs溴系阻燃剂的危害。这一方法由于高效、环境友好而日益受到重视。

光降解是环境中PBDEs降解的主要途径之一。在污染治理过程中，可以对污染物进行高能光线照射，通过高能光子使污染分子中的电子激发，将污染分子由基态提升到激发态，从而引起物质自身分解或与其他物质发生化学反应。这一光降解反应主要会把十溴二苯醚还原脱溴生成低溴代联苯醚，直至分解成无害的物质。光降解具有环保清洁、去除效率高、适用范围广等优点，是一种非常有前景的污染治理技术。

（4）微生物降解法

微生物降解也是减少 POPs 溴系阻燃剂危害的有效手段。其中，微生物降解作为环境中有机污染物的重要降解途径，由于其成本低廉且降解效果明显，逐渐受到人们的关注。PBDEs 在活性污泥、河床底泥的厌氧微生物作用下，能够还原脱溴而逐步降解。不同于厌氧微生物，PBDEs 在好氧微生物的作用下能够发生羟基化反应，并最终开环而彻底降解，不会产生毒性较大的中间产物，并且与厌氧降解的过程相比，其降解周期更短。根据 PBDEs 厌氧微生物和好氧微生物的降解特性，针对溴代程度较高的 PBDEs，厌氧微生物往往能够表现出较好的降解效果；而针对溴代程度较低的 PBDEs，好氧微生物通常具有更高效的降解转化效率。因此，选择适合的微生物降解 POPs 溴系阻燃剂是减少其危害的有效手段。

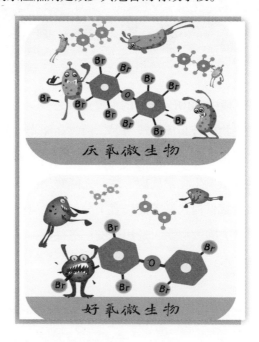

（5）植物修复法

植物修复法也是消除 POPs 溴系阻燃剂的有效方法。该方法是指植物在生长过程中，通过吸收、转化、分解等方式去除环境中的 POPs 溴系阻燃剂的过程，所选用的植物往往对此类溴系阻燃剂具有较好的耐受性或较高的吸收和转化能力。

植物修复一般又可以分为植物提取、植物挥发和植物固定三个方面。

植物提取是指植物利用其自身的富集能力，将 POPs 溴系阻燃剂从环境中萃取出来，富集到植物内部的过程。植物挥发则是指植物吸收 POPs 阻燃剂之后经由叶、茎等部位将其散发到大气中，或者将污染物转化成较易挥发的物质并脱离原环境，从而减轻污染程度的过程。植物固定是指植物使 POPs 溴系阻燃剂的迁移性减弱，从而减轻其环境危害的方法。

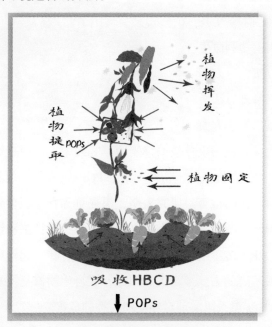

研究证明，某些特定植物对土壤中的 HBCD 有一定富集作用，如卷心菜和萝卜可以在不同程度上吸收土壤中的 HBCD。在对 POPs 溴系阻燃剂降解方面，植物根部通过特定的植物—微生物联合作用，可以加速降解溴系阻燃剂，达到修复污染土壤的目的，从而降低 POPs 溴系阻燃剂在土壤中的富集程度，以此减少对人类的危害。

（6）植物与微生物处理法

在自然环境中，微生物和植物从来都不是单独存在的，它们往往同时生活在一起。因此，对于环境中的 POPs 溴系阻燃剂的去除，可以采用联合生物修复技术，即采用植物和微生物联合的方法，一方面克服了单一修复方法所存在的缺点，另一方面

又可以有效提高被污染环境的修复速率和效率，实现高效的环境修复。种植植物能够提高微生物对土壤中 POPs 溴系阻燃剂的降解率，从而减弱对人体的危害。研究表明，黑麦草和真菌联合起来可以将土壤中多溴联苯醚的去除效率提高 30%；短芽孢杆菌和铅黄肠球菌分别和再力花（多年生挺水型草本植物）结合在一起作用时，对土壤中多溴联苯醚的去除率增大。因此，联合生物修复技术能有效减少或避免 POPs 溴系阻燃剂对环境和人类的危害。

POPs 知多少之溴系阻燃剂

CHAPTER 5

第五章

保护环境行动知多少

37. 更新家中老旧电器

由于十溴二苯醚在 20 世纪 90 年代以后就成为了电子电器产品的主要阻燃剂，因此从那以后一直到 2018 年，大量的电子电器产品中都有可能含有十溴二苯醚。由于十溴二苯醚自身的迁移性，随着长期的使用，会有少量十溴二苯醚向电器表面迁移析出，导致我们所处的家居环境也会存在十溴二苯醚，形成对人类健康的潜在安全隐患。而随着社会的进步和环境友好阻燃技术的发展，以及《斯德哥尔摩公约》对 POPs 溴系阻燃剂的管控，世界各国相继立法限制其生产和使用。因此，近年来生产的电子电器中已经基本不再含有十溴二苯醚物质，而是以更加环保的阻燃剂品种来替代，使得新的家用电器产品在保障防火安全的同时，也确保了材料的环境安全性。目前家中仍然使用的老旧电器应该适时更换，减少十溴二苯醚等 POPs 物质向我们周边环境的释放，营造安全与环保的人居环境。

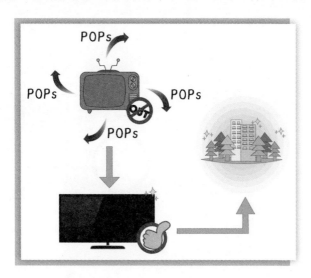

38. 不要长期储存废旧电器

家用电器自 20 世纪 80 年代开始逐渐走入千家万户，成为重要的家居组成。而过去生产的大多数家用电器的塑料外壳以及主要塑料部件中，都可能含有十溴二苯醚。这类家用电器大多数已经进入了淘汰的阶段。但是，对于淘汰的电器制品，一部分进入二手市场维修后向偏远地区销售使用，一部分进入电器拆解厂进行拆解回收处理，还有一部分被居民放置于储藏室储存。在储存过程中，随着时间的退移，这类老旧电器会不断向外界迁移释放其中包括十溴二苯醚在内的各类塑料助剂。通过这一渠道释放溴系阻燃剂等有害物质具有隐蔽性和长久性，是危害我们身体健康的一个重要隐患。而且随着时间的推移，这些老旧电器的使用价值迅速缩减，今后处理的成本将会越来越高。因此，尽早完成老旧电器的清理，有利于我们营造更好的人居环境，有效地减少微量 POPs 溴系阻燃剂等有害物质的释放渠道。

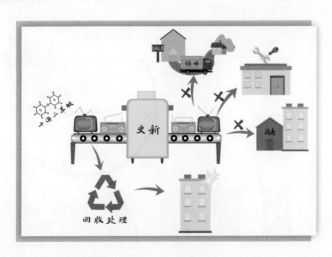

39. 不要随意丢弃电器制品

随着老旧的电器制品进入更新换代的时期，这类电器制品特别是失去使用功能的老旧电器制品，开始进入被废弃的阶段。一部分废弃电器制品由于其中含有贵重金属成分而进入了电子电器回收处理厂，通过拆解实现金属资源的回收，而塑料部分则通过焚烧集中进行销毁。但是，越来越多的废弃电器出现在垃圾集中处理点，而部分电器碎片也常常散落到环境中。由于这类老旧电器制品普遍生产年代较早，多采用以十溴二苯醚为主的阻燃剂进行阻燃处理，因此这类电器应该集中进行拆解和无害化处置，避免所含有的十溴二苯醚等 POPs 物质进入环境中。因此，我们在日常生活中，应增强环境保护意识，不随意丢弃老旧电器制品。在废弃物处置方面，电子电器垃圾应该与普通餐厨垃圾、日常垃圾、建筑垃圾等分类回收，集中实现对含有 POPs 溴系阻燃剂电器制品的无害化处理，从而消除此类 POPs 物质向居民环境释放的渠道。

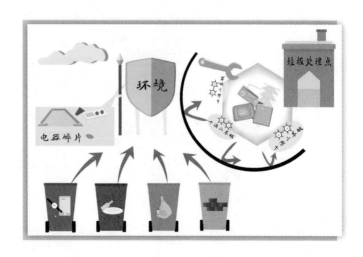

40. 不要露天焚烧电线电缆

随着国民经济的发展，不仅电器和家居的更新步伐加快，工业企业建设发展也不断加快，导致各类建筑的装修、更新、维护更加频繁，废旧电线电缆也越来越多地出现在废弃物中。而由于大多数废旧电线电缆含有金属铜线，使其具有较高的回收使用价值，但其塑料外皮基本无经济价值，使得回收过程中人们主要关注铜线的回收，而经常忽视对塑料外皮的无害化处理。在某些地区，为了降低回收成本，简化回收程序，存在着采用露天焚烧塑料外皮后收取铜线的做法。但是由于废旧电线电缆中大多含有十溴二苯醚等 POPs 物质，这将在焚烧过程中形成二噁英以及二苯并呋喃等有害物质，存在着对环境的巨大安全隐患。因此，我们在回收处置废旧电线电缆过程中，对其中的铜线等具有较高经济价值的成分进行收集之后，应对其中塑料外皮集中进行无害化处理，避免露天焚烧处理电线电缆向环境大量释放包括 POPs 物质在内的各类有害物质。

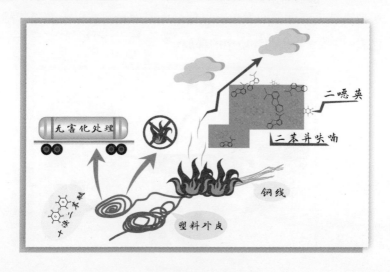

41．集中处置各类橡胶传送带

橡胶传送带在煤炭、矿山、冶金、化工、粮食、建筑和交通等部门的大规模连续化运输方面具有非常广泛的用途。由于橡胶传送带所使用的领域普遍具有防火安全的要求，因此，橡胶传送带大多是阻燃制品。到目前为止，大多数的橡胶传送带仍然在使用十溴二苯醚作为其主要的阻燃剂。在使用过程中，橡胶传送带普遍磨损率大，更换周期短，这就使得橡胶传送带经常需要被更换。而更换下来的橡胶传送带部分能够回用，一部分粉碎后用作他用，另一部分则被直接丢弃在环境中。其中粉碎后作为铺地材料使用的部分，将形成十溴二苯醚主要的环境释放来源。因此，为了尽快控制和削减以十溴二苯醚为代表的 POPs 物质的环境释放来源，应尽快实现对十溴二苯醚在橡胶传送带领域的禁用。对于废弃的各类橡胶传送带应集中处置，避免将其粉碎后作为铺地材料使用，同时，也应进一步通过提高公众关注度，减少或者停止将橡胶传送带直接丢弃现象的发生，以便最大限度地削减以十溴二苯醚为代表的 POPs 物质向环境中的释放。

42. 采用环保型阻燃剂处理的工装和帐篷

由于工人穿着场所和帐篷使用场所的需要，工装（包括军装）和帐篷（包括军用帐篷）都有防火阻燃的要求。在目前条件下，仍然主要采用十溴二苯醚作为阻燃剂成分，通过将阻燃剂与胶液进行混合后，涂覆于织物表面，做成阻燃织物面料，用于制备具有阻燃功能的工装和帐篷。穿着具有阻燃功能的工装，在遇到明火的时候，能够起到保护工人安全的作用；而使用具有阻燃功能的帐篷，能够防止或者阻止火灾的发生和蔓延，避免重大人员伤亡和财产损失。在工装和帐篷中使用的十溴二苯醚，可以采用十溴二苯乙烷或者无卤阻燃剂来替代，可以发挥相同的阻燃效果，同时避免了POPs物质对人体的危害，减少该类物质向环境中的释放。

因此，一方面需要推动在工装和帐篷等织物领域尽快推广使用更加安全环保的替代产品，减少人们在日常工作和生活中的十溴二苯醚暴露；另一方面，建议人们在离开工作场所以后，在日常生活中不要穿着工装。

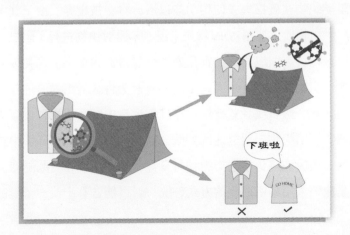

43. 做好废旧阻燃织物的回收处理

在公共场所使用的装饰墙布（毡）、窗帘、帷幕、装饰包布（毡）、床罩、家具包布等阻燃织物需要符合国家标准的阻燃级别，包括特定品种的工装和帐篷在内的纺织品也需要具备防火阻燃的性能。上述阻燃织物在破损失去使用功能以后，将会被废弃。由于其中一部分阻燃织物通过使用POPs物质十溴二苯醚对织物进行了阻燃处理，因此，该类废旧织物的无害化处理就显得极为重要。这类废弃织物与普通织物的回收处理方式不同，应避免将这类织物通过各种途径变为抹布、墩布或者其他形式在日常生活中继续使用；也应该避免把这类废旧织物向偏远地区扩散，减少十溴二苯醚在环境中扩散的广度；还应该避免将这类织物与日常普通垃圾混在一起随意丢弃，而是应该采用集中回收的方式，统一对可能含有十溴二苯醚的阻燃织物进行无害化处理，避免经由日常废弃环节，增加环境中 POPs 物质的蓄积量。虽然目前我们国家尚未完全禁止使用十溴二苯醚，但随着履约工作的开展，全面禁用十溴二苯醚已经提到议事日程上来了，而当我国开始禁用十溴二苯醚以后，所生产的各类阻燃织物就不再采用这一措施了。

44．使用环保型保温材料

我们目前广泛使用的外墙保温材料是发泡聚苯板（EPS 和 XPS），其中长期使用并且具有良好阻燃效果的阻燃剂是 POPs 物质 HBCD。到目前为止，HBCD 仍然是市场上最主要的发泡聚苯板阻燃剂。我国规定，到 2021 年 12 月 31 日，全面禁止生产、销售和使用 HBCD。因此，在这个截止日期之前，我们市场上仍然会以 HBCD 作为最主要的发泡聚苯板阻燃剂，这将使我们的建筑中所存在的 POPs 物质数量呈现继续增长的态势。尽管如此，我们的建筑业也可以更快地推动这一进程。也就是说，采用由 HBCD 替代品阻燃剂所阻燃的发泡聚苯板，可以提前实现不再增加 HBCD 在环境中的蓄积量，减少以后由于处理含有 POPs 物质的建筑垃圾所产生的负担。目前国内已经推出了两种 HBCD 的替代物质来发展新型的环保阻燃聚苯板保温材料，还有采用膨胀石墨阻燃的聚苯板保温材料，也可以直接采用发泡阻燃聚氨酯材料替换阻燃聚苯板作为外墙保温材料，虽然价格略高，但保温效果更好。因此，我们可以在更广泛的范围内选择环保型保温材料，尽管应用成本高一些，但对于控制 POPs 物质在环境中的数量具有重要的现实意义。

45．不要随意丢弃建筑垃圾

随着现代建筑业的发展，国家对于建筑业的节能保温性能有明确的要求。因此，新建建筑全部需要符合国家建筑节能标准的要求，而老旧小区也需要根据国家建筑节能标准的要求进行改造。但由于广泛使用的建筑节能保温材料是添加有 HBCD 的阻燃发泡聚苯板，这就使我们的建筑外墙保温材料大多数含有 POPs 有害物质。当这类建筑进行拆除时，所产生的建筑垃圾中就含有 POPs 有害物质的泡沫保温材料。由于这类建筑外墙保温材料的表面通常粘有水泥等成分，使得这类材料不适于回收再利用，因此这类材料很容易和普通建筑垃圾一起进行填埋处理。但是，由于这类材料中含有的 POPs 有害物质，在长时间填埋过程中，将会不断向土壤和水体中进行释放，并且这类建筑垃圾数量十分巨大，这类建筑垃圾向土壤和水体中释放的 POPs 有害物质的数量将会形成对环境的重大安全隐患。

因此，含有阻燃发泡聚苯板的建筑垃圾需要集中进行处置，不能采用与普通建筑垃圾一起进行填埋的方式处理。

46. 建立废旧发泡聚苯板材料的分类回收处理体系

在废旧发泡聚苯板材料中，用作建筑业保温材料的大多含有POPs有害物质，而作为普通的防震材料和填充材料的非阻燃发泡聚苯乙烯材料则可以进行回收再利用。因此，这两类材料在实际回收使用过程中需要分开处理。来自建筑业的废旧发泡聚苯板既不能随意丢弃，也不能进行再加工制造诸如含有聚苯板泡沫的墙砖，而需要对建筑用发泡聚苯板废弃物进行充分焚烧，并对焚烧废气进行无害化处理，才能最大限度地消除POPs有害物质向环境释放的可能。由于我国近年来建筑业的迅速发展，采用阻燃发泡聚苯板作为保温材料的建筑节能方案也最为普遍，因此今后建筑垃圾中含有POPs有害物质的废旧发泡聚苯板材料数量将会持续增加。采取集中处理这类建筑垃圾的方式对于控制和削减环境中的 POPs 有害物质的数量至关重要。在现实生活中，不能将这些废弃的建筑外墙保温板材拿回家作为垫板使用。

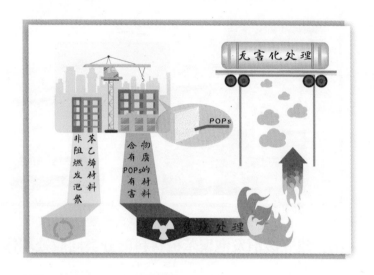

47. 在日常生活中注意防范火灾发生

如今，为了减少或者避免火灾发生，在日常生活场所和公共场合都大量地使用阻燃产品，但是一旦发生火灾，上述阻燃产品将会燃烧释放大量的有毒有害物质。例如，我们以前经常使用的含有十溴二苯醚和 HBCD 的产品，在燃烧过程中就会产生大量的 POPs 有害物质。因此预防火灾发生不仅是为了保障生命财产安全，也是为了防止火灾发生所导致的有害 POPs 物质向环境的集中释放。因此，在日常生活中我们要定期对家中的电器设备、燃气用具进行防火安全检查，少用临时电线，避免超负荷用电。同时，也需要在家中配置必要的家用消防器材，万一发生火灾就能利用消防器材迅速扑灭初起的火源。此外，进入公园、商场等公共场所时，不要乱丢烟头，消除火灾隐患。

48. 适度装饰、装修

在日常生活中，如酒店宾馆、写字楼等场所往往采用墙布、壁纸进行墙面装饰，采用地毯进行地面装饰。上述装饰材料大多为阻燃制品，可能含有十溴二苯醚或者 HBCD 等 POPs 有害物质。在长期使用过程中，上述 POPs 物质将会逐渐向外迁移，从而使上述场所的 POPs 有害物质明显超过安全浓度。因此，在各类场所减少过度的装饰、装修，不仅能减少火灾安全隐患，也有利于减少 POPs 有害物质的释放源。

49. 日常生活中避免直接暴露

人们在日常生活中总会接触到含有十溴二苯醚或者 HBCD 等 POPs 有害物质的物品。人们每天在居室、学校、办公室度过的时间相对较长，若房间内存在着各类阻燃物品向环境中释放 POPs 有害物质，人们将长期暴露于这些物质中，甚至通过日常的呼吸将其吸入体内。对于幼儿与儿童来说，因为经常在地毯上玩耍，在无意识的状态下经手到口摄入的 POPs 有害物质会更多。因此，在日常生活中，应采用环保阻燃制品，保持环境清洁，培养儿童良好的卫生习惯，从而将 POPs 有害物质的危害降到最低。

50. 提倡垃圾分类

垃圾的不完全焚烧是产生毒性更强的低溴代联苯醚的主要途径之一，例如，在垃圾焚烧处置过程中（如废旧电视机外壳）焚烧不完全，会导致低溴代联苯醚浓度迅速升高。所以我们在日常生活中，需要将废弃的电子电器垃圾与日常的餐厨垃圾等分类处理，并且在垃圾处理过程中，特别是在焚烧处理过程中，应采用特定的技术条件按照其成分、热值等参数进行合理搭配，使废弃物在处理过程中能充分燃烧，并对燃烧后产生的废气进行无害化处理，避免源于POPs溴系阻燃剂的物质向环境中释放。

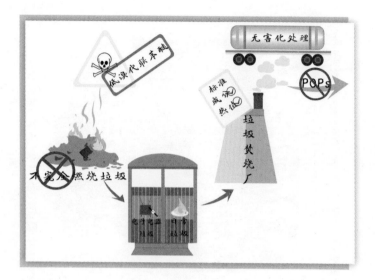

POPs 知多少之溴系阻燃剂

参考文献

[1] 钱立军. 新型阻燃剂制造与应用 [M]. 北京：化学工业出版社, 2013: 1–315.

[2] 不合格保温材料成伦敦大火帮凶, 中国需警惕 [J]. 塑料工业, 2017, 45(7): 36.

[3] 于萍萍. 文明之殇——巴西国家博物馆火灾背后 [J]. 消防界, 2018, 4(19): 10–15.

[4] 菲律宾北部一宾馆大火致 15 死 12 伤 [EB/OL]. 中国新闻网, 2010/12/19.

[5] 付毅刚, 瞿浩荣. 外墙外保温系统典型火灾案例分析 [J]. 四川建筑科学研究, 2012, 38(3): 106–108.

[6] 武丽辉, 张文君.《斯德哥尔摩公约》受控化学品家族再添新丁 [J]. 农药科学与管理, 2017, 38(10): 17–20.

[7] Report of the Persistent Organic Pollutants Review Committee on the work of its sixth meeting, Addendum, Risk profile on hexabromocyclododecane[C]. Geneva, 11–15 October 2010.

[8] Report of the Persistent Organic Pollutants Review Committee on the work of its tenth meeting, Addendum, Risk profile on decabromodiphenyl ether(commercial mixture, c–decaBDE)[C]. Rome, 27–30 October 2014.

[9] 斯德哥尔摩公约简介及我国履约进展 [N]. 中国环境报, 2013–09–25.

[10]《关于持久性有机污染物的斯德哥尔摩公约》附件 A, 2009 年.

[11] The Restriction of the Use of Certain Hazardous Substances in Electrical and Electronic Equipment, 2002/95/EC, (RoHS 1)

[12]《化学品的注册、评估、授权和限制》第八批 SVHC 清单, 2012 年.

[13] 新加坡《环境保护和管理法案》No.S263 的修正案, 2016 年.

[14] 中国《废弃家用电器与电子产品污染防治技术政策》, 2006 年.

[15] 美国《有毒物质控制法》, 2012 年.

[16] 欧盟持久性有机污染物（POPs）EC 法规 No850/2004 修订案, 2016 年.

[17]《禁止特定有害物质法规》SOR/2012–285 修订案, 2016 年.

[18] 于洋, 刘艳. 溴系阻燃剂十溴二苯醚的性能及替代品 [J]. 电子工艺技术, 2009, 30(02): 96–98.

[19] 新型环保阻燃剂十溴二苯乙烷 [J]. 粘接, 2008(8): 46.

[20] 有机保温材料阻燃剂 HBCD 大限将至 [J]. 塑料助剂, 2018(3): 54–55.

[21] 美国环境保护局确定阻燃剂安全替代品——丁二烯苯乙烯溴化共聚物替代六溴环十二烷 [J]. 墙材革新与建筑节能, 2014(8): 68.

[22] 吴多坤, 张国强, 秦善宝, 等. 六溴环十二烷替代品——溴化丁二烯共聚物合成研究 [J]. 山东化工, 2016, 45(17): 18–20, 24.

[23] 田亚静. 六溴环十二烷修正案对我国的影响及对策建议 [J]. 生态经济, 2017, 33(12): 180–183.

[24] 刘志远. 持久性有机污染物控制方法的研究 [D]. 保定: 华北电力大学（河北）, 2005.

[25] 肖松文, 肖骁. 持久性有机污染物机械化学无害化处理的研究进展 [J]. 矿冶工程, 2006(2): 53–56.

[26] 王华. 城市生活垃圾气化熔融焚烧技术 [J]. 有色金属, 2003(S1): 104–107.

[27] 盛锴. 危险废物焚烧系统烟气急冷塔的数值模拟研究 [D]. 杭州: 浙江大学, 2008.

[28] 罗斯. 还原—氧化两步处理法降解水中典型溴代阻燃剂的研究 [D]. 南京: 南京大学, 2011.

[29] 孙彦. 光催化降解多溴联苯醚的研究 [D]. 上海: 东华大学, 2012.

[30] 程吟文, 古成刚, 王静婷, 等. 多溴联苯醚微生物降解过程与机理的研究进展 [J]. 环境化学, 2015, 34(4): 637–648.

[31] 杨雷峰, 尹华, 彭辉, 等. 外源微生物对植物根系修复十溴联苯醚污染底泥的强化作用 [J]. 环境科学, 2017, 38(2): 721–727.

[32] 李亚宁, 冯秀娟, 刘庆余, 等. 六溴环十二烷在土壤中的归趋及植物吸收研究 [J]. 环境污染与防治, 2013,35(11): 5–9.